**Salut ! Tu te rappelles des membres de ma famille.
Et toi, quel est ton nom ?**

MatéoLeDino: *LuluLeDino:*

Ce carnet appartient à :
....

*Et moi,
DinoLudoLintello:*

Comment jouer au sudoku ?

La grille de sudoku est divisée en 9 blocs de 3x3 qui doivent contenir tous les chiffres de 1 à 9.

Les chiffres de 1 à 9 doivent être mis une seule fois dans chaque ligne horizontale, colonne verticale et bloc de 3X3.

Un jeu donc qui va faire fonctionner vos méninges !

Alors prêt, go à vos stylos !

Te rappelles-tu de mes secrets pour résoudre un sudoku ? Voici un rappel :

Mets tes lunettes d'intello et on commence...
Si tu n'en as pas munis-toi de ta loupe.
1. Procède par déduction et logique.
Repère à l'aide de ta loupe, les blocs déjà complétés.
2. Regarde ensuite les blocs en gras (ceux où je me trouve et qui comportent uniquement une case vide. Puis, complète la case avec le chiffre manquant.)

Sudoku 1

9	2	3	1	6	5	8	4	
1	4	8	2		3	5		9
5	6	7	9	8	4	3	1	
3	1	2	4	9	8			6
8	9	4	6		7	2	3	
7	5	6	3	2	1	4	9	8
2		9	5	4	6	1	7	3
4	7	1	8	3	9	6	2	5
6	3	5	7	1		9	8	4

Sudoku 2

7	6	8	5	4				3
	4	2	8	9	7	1	6	
5	9	1	6		2	7	4	8
9	1	4	2		8	3	7	6
6	2	7	4	1	3	5	8	9
8			7	6	9		1	
4	8	9		7	6	2	5	1
1	7	6	9	2	5	8	3	4
2	5	3	1	8	4	6	9	

Je te redonne l'Astuce pour compléter le reste du sudoku :
Regarde ensuite les lignes horizontales ⟷ celles où il y a une seule case vide et complète- les .
Mon ami MatéoLeDino est là pour t'aider.

C'est moi

Tu me trouveras en haut à gauche des cases.

Sudoku 3

6	9	3	1	7	2	5	8	
5	1	4		9	8	6	2	7
7	8	2		6	4	9	3	
3		8	2		7		9	5
9	4	5	6	8	3		1	2
2	7	1	4		9	8	6	3
	2	6	8	4		3	7	9
	5	9	7	3	1	2	4	6
4		7	9	2	6	1	5	8

Astuce n°3 :
Regarde ensuite les lignes verticales ↕, celles où il y a une seule case vide et complète-les .Tu pourras apercevoir mon ami LuluLedino.↕

C'est moi

Tu me trouveras en bas à droite des cases.

Sudoku 4

7	9	3	4	1	5	8	2	6
8	4	1	7	6	2	5	3	9
5	2	6	9	8	3	4		7
2	6	8	5	3	4	7	9	
1	3		6	7		2	8	5
9	7		1	2	8	3		4
3		9	2	5		6		8
6		7	3	4	1		5	2
	5	2	8	9		1	7	3

Sudoku 5

6	7	4	2	5	1	8	3	9
9		8	3	7		4	2	5
2	5		9		4	6	7	1
7	4	2	6	9		1	5	8
8	3		5	1	2	7	6	4
1	6		7	4	8	2	9	3
3	2	1		6			8	7
	8	7	1		9	3	4	6
4	9	6	8	3	7	5	1	2

Parfois, il n'y aura aucun bloc complété.
DinoLudoLintello à lui aussi disparu.
Rappelle-toi de commencer par les blocs en gras.

Sudoku 6

1	8		6	7	5	3	9	4
4	3	6	2	8	9	7		1
5	9	7	1		3	6	2	8
2	6	8	5	1	4	9	7	3
3	4	1	9	6	7	2	8	5
7	5	9	8	3	2	4	1	6
	7		4	9	1	5	6	2
	4		7		8	1		9
9	1	5	3	2	6	8	4	7

🔍

Prends ta loupe et repère les blocs déjà complétés, tu peux les entourer comme dans l'exemple ⭕ ou les colorier. Puis repère les blocs où il manque un chiffre.

 ↔    ↕

Sudoku 7

5	9	2	8	1	4	7	6	3
	8		2	6	9	4	5	1
1	6	4	3		5		8	2
	4	5	7	3	1		2	9
2	3	8	9	4	6	1	7	5
9	7	1	5	8		3	4	6
3	1	6	4		7	5	9	8
4	2	9	1	5	8	6	3	7
8	5	7		9		2	1	4

N'oublie pas ta loupe 🔍. Puis ☐
Attention, les autres dinosaures vont bientôt disparaître.
Mémorise bien la stratégie.

Sudoku 8

9		2	6	8	3	7	4	1
8	1	3	2	4		6	5	9
6	4	7	9	5	1	2	8	
2	7	4	1	3	5	8	9	6
3	8	6	7	9		5		
1	9	5	4	6	8	3		7
7	3	1	8		9	4	6	
4	2	9	5	7	6	1	3	8
5	6	8	3	1		9	7	2

MatéoLeDino a disparu.

Sudoku 9

9	6	2	8	7	5	3	4	
	1	7	4	6	3	2	8	9
3	8	4			2	1	5	7	6
2	4	9	7	1	8	6	5	3
1	3	5	2	4	6	8	9	
6	7	8	5	3	9	4	1	2
	5	3	6	9		1		8
7	2	1	3	8	4	9	6	5
8		6	1	5	2	7	3	

LuluLeDino a disparu.

Sudoku 10

5	6	1	9	3	2	7	4	8
8	9		5		4		3	2
3	4	2	8	1	7	6	9	5
1	8	3	6	9	5	4	2	7
7	2	6	3		8	9	5	1
	5		2	7	1	8	6	3
6	1		7	2	3	5	8	4
2		8	4	5	6	3		9
	3	5	1		9	2	7	

A toi de jouer !

Sudoku 11

2	8	1	9	7	4	6	3	5
7	6		1	2	5		9	4
9	5	4	6	3	8	2	1	7
5	4	9	8	6	3	1	7	2
6			5	1	2	9	4	3
1	3	2	7	4	9	5	8	
	2	7	3		6	4	5	1
4	1	5	2	8	7	3	6	
3	9		4	5	1	7	2	8

Sudoku 12

8		6	7		3		4	2
1	3	4	6	9	2	5	7	
2	7	9	5	8	4	6	3	1
3	4	2		5	7	8	9	6
	1	8	9	4		3	2	5
9		5	3	2	8	4	1	7
		7	8	3	5	1	6	9
6	8	1	4	7	9	2	5	3
5	9	3	2	6	1	7	8	4

Sudoku 13

	8	1	2	9	6	3	4	
2	7	6	3		4	5		9
9	4	3	5	7	8	2	1	6
8	2	5	6	4	3	9	7	1
3	1	7	9	8	2	4	6	
	9	4	7	5	1	8		2
4		8	1	2	9	7	5	
7	3		4		5	1	2	8
1	5		8	3		6	9	4

Sudoku 14

3	5	7	4	6	1	2		9
1	4		8	2		5	7	3
2	9	8	5	3	7	6	4	1
9	8	3	6	7	5	1		4
4	1	5	2		3	9	6	7
6	7		9	1			3	5
5	6	1	3	4	8	7	9	2
	2	4	1	9	6		5	8
8	3		7	5	2	4	1	6

N'hésite pas à revoir la stratégie du début, si tu as du mal à compléter le sudoku !

Sudoku 15

3	1		7			8	2	5
8	2	9	5	4	3	1	7	6
5	7	6	2	1	8	3	4	
2	9	1	6	5	7	4	8	3
7	4		8	2	9	5	6	1
6	5	8	1	3	4	2	9	
4		2	9	6		7		8
1	6	7	4	8	5	9	3	
9	8	5	3		2	6	1	4

Sudoku 16

7	6	5	2	4	9	1	3	8
4		3	8		1		9	7
9	1	8	7	3	5	4	6	
6	8	7	4	9		2	5	1
				1		3	8	9
1	3	9	5	8	2	7	4	6
3	9	6	1	7	4	8	2	
2	7	4			8	6	1	3
8	5	1	3	2	6	9	7	4

Sudoku 17

4	1	6	8	3	9	2	5	7
3	5	7	6	1	2	9	8	4
	8			4	7	1	3	6
5	6	4	9				2	1
	7	9	2	5	4	8	6	3
8		3	1	7	6	4	9	
		5	4	6	1	3	7	8
	3	1	7	2	8	5	4	9
7	4	8	3	9	5	6	1	2

Tout se passe bien pour ?..........

Sudoku 18

1	9	2	5	6	8	4		7
7	5	4		2	3	8	6	1
8	6	3	4		1	2	5	
6	7	5	1	3	2	9	4	8
2			7	5	4		1	3
3	4	1	8		6	5	7	2
9		7	2	4			8	6
4	1		3		9	7	2	5
5	2	8	6	1	7	3	9	4

Sudoku 19

	2	7	5	4	9	6	8	3
6	5	3	2	7	8		9	1
8	9		6	3	1	5	2	7
	6	1	9	5	2	8	7	
2	8	9		6	4	1		5
4	7	5	8	1	3	2	6	9
5	3				7	9	1	6
	4	8	1	9	6	3	5	2
	1		3	2	5	7	4	8

Sudoku 20

4	1	5	7	8	9	2	6	3
7	6	3	4	1	2	8	9	5
2	8	9	3		6	1	4	7
9	7	8	1	4	5	6	3	2
1	5	4	6	2	3	9	7	
6	3	2			8	4	5	1
5	4		8	9	1		2	6
3	9	1	2	6		5	8	4
	2	6	5	3	4	7		9

Bravo, déjà 20 sudoku réalisés, je te félicite !

Sudoku 21

6	7	2	3	4	1	8		9
5	1	3	9	8	6	4	2	
9	8	4	2	5	7		6	3
4	6	9	1	2	8	3	7	5
3	5				9	2	1	4
1	2		4	3	5	9	8	6
8	4	6	5	1	3	7		2
2	9	1		7		5	3	8
7		5	8		2	6	4	

Sudoku 22

4		6	7	9	2	8	1	
5		9	3	8	1	2	4	6
2	1	8	5	6	4	7		3
8	4	7	9	5	3	6	2	1
3		5	1	2	8	4		
1	9	2	4	7	6	3	5	8
9	8	3	2	4	5	1	6	
7	2	1	6	3	9	5		4
6	5	4	8	1	7	9	3	

Sudoku 23

1		3	8	2	5		4	6
4	2	5	9	7	6	3	8	1
6	8	7	1		4	9	5	2
		2		1	8	4	7	5
8	3	4	7	5		1	6	9
5	7	1	4	6	9	2	3	8
3	1	8	6	9	7	5	2	4
7		6	2	4	1	8		3
2	4	9		8	3		1	7

Sudoku 24

8	3	1	2	9	5		7	4
9	7	2	8	6	4	1	5	3
5	4	6	3	1	7	9		8
3	2	8	6	4		5	9	7
7		4	5	2	3	8	1	6
1	6	5	7	8	9	4	3	2
4			9	3	6	2	8	1
2		9	4		8	3	6	5
6	8	3	1	5		7	4	9

Sudoku 25

7		3	2	1	6	8	9	5
5		8	7	4	9		3	1
2	9	1	5	3	8	4	7	
3	1	9		2	4	5	6	7
6	2	4	1	7	5	3	8	9
8	5	7	9		3	1	2	4
4	3	2	6	9	1	7	5	8
1			3	5	7	9	4	2
9	7	5	4	8	2		1	3

Sudoku 26

2	7	3		5	9	6	8	1
5		4	8	2	6	9	7	3
9	6	8	3	1	7	5	4	2
8	4	7		3		1	9	6
6	3	2		8	1	4		
1	9	5	7	6	4	3	2	8
7	2		5	4	3		6	9
	5	9	6	7	8	2		4
4	8	6	1	9		7	3	5

Sudoku 27

4	9		7	2	3	6	8	1
6	1		9	4	5	3		7
	3	2	6		8	9		4
5		3	4	8	2	7	1	
1	8	4	5	9	7	2	6	3
9		7	1		6	8	4	5
2	7	1	3	6		5	9	8
3	4	6	8	5	9	1	7	2
8	5	9	2	7	1	4	3	6

Sudoku 28

3	8	1	9	7	6	5	2	4
2	4	7	8	3	5	9	6	1
9	6	5	2		4	7	8	
6	5	4	7	8	9	1	3	2
1	3	8	6	5	2	4		7
7	2		1	4	3		5	
5	7	3	4	6	8	2	1	9
8		2	3	9	7	6		5
	9	6	5	2	1	3	7	8

Sudoku 29

8		6	9	3		7	5	2
5	4	2		1	8	9	3	6
9	7	3	6	2	5	8	4	1
1	2	8		5	7	6	9	4
6	3	4	2	9	1	5		
7		9	8	4	6	2		
4	8	7	5		3	1	2	9
2		1	4		9		8	5
3	9	5	1	8	2	4	6	7

Sudoku 30

7	5	9	1	4	3	2	8	6
8	6	3	5	9	2	7	4	1
4	2	1	8	6	7		9	5
1	8	7	9	2	6	5	3	4
9		6	7	5		8	1	2
5	4	2	3	1	8	9	6	7
3		4			5	1	2	
2	1	8	4	7	9		5	3
	9		2	3	1	4	7	8

Plus je m'entraîne, plus je me perfectionne !

Sudoku 31

3	5	1	2	7	4	6	8	9
2		7	8	5	6	3	4	
4	8		1	9	3	7	2	5
5	3	9	7	8	2	1	6	4
8	1		9	6		2		7
7	6	2	4	3	1	5	9	8
1	4	3	5	2		9	7	6
9	2			1	7	4		3
6		5	3	4	9	8	1	2

Sudoku 32

3				2	8	7	1	4
1	2	4	6			3	8	9
7	8	9	1	3	4	2	6	5
5	1	6	4	8	2	9	7	3
9	4	8	7	1	3	5	2	6
2	3		5	6	9	1	4	8
6		3	8	7	1	4	9	2
8	9	1		4	5	6		7
4			3	9	6	8	5	1

Sudoku 33

3	2	4			1	7	9	6
7	5	8			9	2	1	
9	6	1	7	4	2		5	8
1	7	5	2	8		9	6	3
2	4	3	9	1	6	8		5
8	9	6	3	7	5	4	2	1
5	3	9	4	6	7		8	2
6		2	1	9		5	4	7
4	1		5	2	8	6	3	

Sudoku 34

9	5	3	4	1	6		7	8
1	4	2	3	8	7	6	5	9
8	6	7	5		9		4	1
	1	9	2	6			8	5
6	3	5	1	4	8	9	2	7
	8	4	9	7	5	1	6	3
4	9	6	7	5	1	8		
5	2	1	8	3	4	7	9	
3	7	8	6	9	2	5	1	4

Sudoku 35

8	6	4	2		5	9	7	1
3	2		1	4	7	8	5	6
5	7	1	9	8	6	4	2	3
2	9	3	8		1	7	6	4
4	1	7	3	6	9		8	5
6	8				4	3	1	9
7	4	2	6	1	3	5	9	8
1	5	8	4	9	2	6	3	7
9		6	5	7	8	1	4	

C'est en faisant des erreurs que j'apprends !

Sudoku 36

7	6		9	1		4	2	8
4	8		7	5	2		3	6
9	2	3	4	8	6	7		5
6	5	7	8	9	1	3	4	2
8		2	3			6	9	1
1	3		6	2	4	8		7
5	7	8	1	3	9	2	6	4
3	1	6	2	4	7	5	8	9
2	9	4	5		8	1	7	3

Sudoku 37

6	5	7	4	9	1		3	
	1	3	8	5	7		6	4
	9	8		2	3	5		7
7	8		9	4	2	3	5	1
9	4	2	1	3	5		7	6
1	3	5	7		8		2	9
8	2	9	5	7	6	1	4	3
5	6	4	3	1	9		8	2
3	7	1	2	8	4	6		5

Sudoku 38

2	1	9	4	8	5	7	6	
5	3	7	6	9	1	4	8	2
4	6	8	3	2	7	9	5	1
8	7	2	1	3	4	5	9	
6	9			7	8	2	3	
		4	5	2	6	9		7	8
		3		1	6	8	4	5
9	5	6	8	4	2	3	1	
1	8	4	7	5	3	6	2	9

Sudoku 39

3	9	5	8	7	1	6	2	
8	2		3	5	4			9
4	7	1	9	2	6	8		3
2		8	6	4	7	3	9	5
7	3	4	2	9	5	1		6
6	5	9	1		3	2	4	7
5	6	3	4		2	9		
1	8	7	5	3	9	4	6	2
9	4	2	7	6	8	5	3	1

Sudoku 40

1	6	2	9		4		3	8
3	9	7			8	4	5	2
8	4	5	2	7	3	6	9	1
9	7	3	5	4	2	1	8	6
4	8	1	7	3	6		2	5
2	5	6	8	9	1	3	7	4
5	1	4		8	9		6	7
6	3		4	2	7	5		9
7	2	9	1		5	8	4	3

C'est en faisant des erreurs que je progresse.

Sudoku 41

7	5	6	3	4	2	9	8	
	9	8	5	7	6	2	3	4
3	2	4	1	9	8	7	5	6
2	8	3	6		4	1	7	9
6	7	5	9	2	1	8	4	3
9		1	7	8			2	
8	6	2	4	1	5	3	9	7
5	3	9	8	6	7	4	1	2
4	1	7	2			5		8

Sudoku 42

4		9	3	6	7		8	2
7	8	6	1	5	2	3	9	4
2	3	5	4	8	9	7	6	1
		4	8	1	3	9	7	6
6	7	1		9	5	8	4	3
3	9		6		4	2	1	
9	6		7	3	1	4	5	8
	4	7	5	2	6	1		
1	5	3	9	4	8	6	2	

Sudoku 43

8	6	7		9	3	5	2	1
		9	2	6	8	3	7	4
2	3	4	7	1	5	6		8
3	7	2	1	8	9	4	5	
9	8	6	3	5	4	7	1	2
4	1	5	6		2	9	8	3
5	4	1	8	3	7	2	6	9
7	2	8	9		6	1	3	5
6	9		5	2	1	8		7

Sudoku 44

6	7	4	5			9	2	8
3	1	9	2		6	7	4	5
	8	5	4	7		1	3	6
9	5	6	1		7	4	8	3
7	4	2	3	5	8	6	1	9
8	3	1	6		4	5	7	2
4	9		7	6	2	3	5	
1	6	3	8	4	5	2	9	7
5	2	7	9	3	1	8		4

Sudoku 45

2		9	6	4	5	3	1	7
1	7	3	2	9	8	5	6	4
	4	6	3	1	7	8	9	2
8	2	5	9	7	3	6	4	1
4	9		1	5	6	2	3	8
6	3		8	2		7	5	9
3	1	2	7			4		
7	6	4	5	8	1	9	2	3
9	5	8	4	3	2	1	7	6

Sudoku 46

	1	6	8	4	7	5	2	3
8	4	7	5	3	2	6	1	9
2		5	9	1	6		8	4
4	6	3	7		1	8		2
5	8	2	4	6		9	7	1
1	7	9	2	5	8		4	6
3	9	8	1	2	5	4	6	7
7	2		6	8	9		3	5
	5	1	3	7	4	2	9	8

Sudoku 47

5		4	1		6	9	3	2
7	2	3	8	4	9	5	6	1
1	9		5	2	3	7	8	4
6	5	9	4	3	7	2	1	8
4	1	2	9	6	8	3	5	7
8	3	7	2	1	5	6	4	9
9	4	1	6	5	2		7	3
3	6			9	4		2	5
2	7		3	8	1	4	9	

Sudoku 48

8	9	3	6		1	7	5	2
	2	1	7	9		6	4	3
	6	7	2	5	3	9	1	8
6	7		5	3	4	1	8	9
1	5	8	9	7	6	2	3	4
3	4	9	1	8		5	6	7
	8	5	4		7	3	2	1
2	3		8	1	9	4	7	5
7	1		3	2	5	8	9	6

Sudoku 49

		4	8	7	3	2	9	5
2	3	8		9	5	7	6	
5	7	9	6	2	1	8	4	3
1	9	7	5	4	2	6	3	8
4	5		9	3	8		2	7
8	2	3	1	6	7	9	5	
3	8	1	2	5	6	4	7	9
9	6	5	7			3		2
7			3	8	9	5	1	

Sudoku 50

8	9	1	6	4		5	2	
5	2	7	8	9	1	4	3	6
4	6	3	7	5		8	9	1
7	1	8		6	5	9	4	3
2	4	5	3	1		6	7	8
9	3	6	4	7	8	2	1	
1		2	5	3	4	7	6	9
6	5	9	1	2	7	3	8	4
	7	4	9		6	1	5	2

Courage, tu as déjà fait la moitié !

Niveau moyen

Sudoku 51

4	8	3	1	5	9	6	2	7
9	5	1	2	6	7	3	8	
2		6	4		3	9		1
6	2		9		8	5	1	3
1	9	7	5	3		2		8
8	3	5		2			7	9
3	6	9	7	1	5	8		2
7	4	2			6	1		5
5		8	3			7		

Sudoku 52

		9	3		5	8	7	2
5	8	6			4	3	9	1
	7	2	9	8	1	4		6
7	6	5		1	3		4	
1	4			9			8	7
	2		4	7	6	5	1	3
2	9	4		5	7	1	3	8
6			1	4	8	9	2	5
8			2	3	9	7		4

Sudoku 53

1	4	8	5	3	7		2	6
9	6		4				3	
3	7	2	9		6	5	4	1
4	2	9	6	5	3	1	7	8
	5	7	8	1	2	3	9	4
8		3	7	9				
5			1		8	2	6	9
	9	1	2	6			8	3
2	8			4	9	7	1	5

Sudoku 54

	8	2		4	6		9	5
	3		8				2	4
4	5		9	3		8	6	1
6		5	3	1	7	4	8	9
3	4	9	6			1	5	7
8	7	1	5	9		2	3	6
	9	4	1	8			7	
2	6		4		9	5	1	3
7	1	3	2	6	5	9		

Sudoku 55

1	2	8			4	3		
4	7	9	5	1	3	6	2	8
5	6	3		8		4	1	7
8	5	1	3	2	7	9	4	6
7			1	9	6	8		3
	3	6	4	5	8		7	1
2	1					7	6	9
	8	7	9	4	1		3	2
3	9		6	7			8	4

Sudoku 56

3	7			6		9	1	
1	5	6		7	4	3	2	
8		9		1	5		7	6
5	1	2	4		7		9	3
4	6			3	9	7	5	
7				2	6		8	4
9	3		8	4			6	7
2	4		6	5	1	8		9
6	8	5	7	9	3	2	4	1

Sudoku 57

8		7	4	1	9	3		
3	1	2	5	6		4	7	9
9	6	4	2		7	5	1	8
4		3		5	1	7	2	
		1	7	4		9	8	
7	9	5	6	8			3	
2		8	3	7		6		1
1	3	6	8	9	4	2	5	7
		9	1	2	6	8		3

Sudoku 58

	8	4	5	9			6	2
9	2	6	1	4		3		8
5	3	1	2		8	7	4	9
1		7		5	2	4	8	3
3	5	2		8	9	6	1	7
4	6	8		3	1	2	9	5
6	1				5		7	4
	7		9	1	4	5		6
2	4	5			6	9	3	1

Sudoku 59

7	8		1			5	2	
6	1	9	8		2	4	7	3
5	4	2		3		8	1	6
3		8		2	1		9	
1		5	7		9	6	3	8
9	7		3	8	6	1	5	
8	3	1	6	9	5	2	4	
			4	7	3		8	
	9		2	1	8	3	6	5

Sudoku 60

7	2	9		3	5		4	
	1	4	2	9		5		
3	5	6		8	7	9	2	
1	4	7	6	5	3	8	9	2
9	3	5		2	8		6	4
6	8	2	9			7	3	5
5		1			2	4		9
	7	3	8	1	9	2	5	6
2	9	8	5	6	4	3		7

Toujours persévérer, ne jamais baisser les bras !

Sudoku 61

9		4	1	2	7			5
2		5		8	4	9		3
7	8	6	9	5	3	1		4
6	5	2		3	1	4	9	7
4	7	1		9	6		3	8
	9		4		2	5	1	6
5			7	4	9		8	1
1	4		3	6		7	5	2
8		7	2	1	5	3	4	9

Sudoku 62

4	3	7	5		6	2	8	
6	9	2	7	8	4	5	1	
1		8	3	2		4	6	7
5	2		6		1	8	9	4
			2	3	8		5	
8		6		4		7		2
9	6		1	5				8
2	8	5	4	9		6	7	
3	7	1	8	6	2	9	4	5

Sudoku 63

3	9		7	6	1	4	8	
7	5			8	2	6	3	9
		6	3	5	9	7	2	1
5	3			7		2		6
4	6	8		1		9	5	
1	2	7	6	9	5	8	4	3
2	8		9	3		1		4
6		3	1	4	8	5	9	2
9		4		2	6	3	7	8

Sudoku 64

	9	1	7	5			2	8
7	2	6	4	8		9		5
3		5	1	2		4		6
				1	2	5	6	4
	5		3	6		8	9	1
1			5	9	4		3	7
8	1	9	6	3		7	4	2
6	4	2	9		8	1		
5	7	3	2	4	1	6	8	9

Sudoku 65

		2			3		4	1
5				6	4	9	2	7
7	4		2		1	5	8	3
1	7		6	4	8	2	3	5
6		4	3	7			1	9
3	5	8	1	2	9			4
2	1	7	5			4	9	8
9	8	5	4	1	2			6
4	6	3	9	8	7	1		

Sudoku 66

1	3	5	4		9	7	2	8
9		2		8	7	1	3	4
8	4	7		2			6	9
	9	3	8	5	4	6	1	7
5	7	1	3		6	4		2
	8			7	1	9	5	
3	5	4		1		8		
7	2	8	6		5	3	9	1
	1	9	7	3				5

Sudoku 67

1		6	4	7	9	3		2
4	3			8	1			
9		7		3	2	1	6	4
	7	1	2	9	4	8	5	
	4	5	8	1	6		7	3
8	6	9	3	5	7	4		
5	9	4	7	2	3			
			9	6	8		4	5
6	2	8	1	4	5	7	3	9

Sudoku 68

8	7	6		2	5		3	9
	2	5	3	9	1	7	6	
1		9	7		6	8	5		4
	4	1	6		3	9		5
7		8	9	5	2	4	1	
3	5		8		4		7	6
6	1	2	5	8	9	3	4	
9	8	7	2	4	3	6	5	
5	3	4		7	6			2

Tu es fort comme un dinosaure.

Sudoku 69

9	7		4	8		1		
5	4	8	1		3		2	6
1	3	2	5	6	9	4	8	
8	9	3		5	4		7	1
6	5	1	7	9				
4	2		3	1		5	9	8
7	1	9	6	3	5		4	2
2	6	5	8	4	7	3	1	9
	8	4	9	2	1		6	

Ca y est, tu es devenu un Pro, on passe à deux grilles !

Sudoku 70

	8	4	9	7	2	6	1	3	
	6	1	7	8	5	3	2	4	
	5	2	3	9		4	7		6
	1	8		6	9	7			3
		6		3		2	8		7
		7	4		8	1	6		2
	7	3	8		6	5	9		4
		5	1	4		9			8
	4	9	6		3		5	7	1

Sudoku 71

	4	9		8	2	6	5	3
7	6		5	4	3		9	
	3	5	9	1	6	8	7	4
	7	2	3	6	1	5	4	
5		6	8	9				
3	8		2	5	7	9	6	1
4		1	6	3		7		
8	5	3	1		9	4		
6	9	7		2		3	1	5

Sudoku 72

	1	6		9				
	8	5	2	4	3	6	7	1
3	7			1	5	9		8
4	3	2	1	5	8		9	6
7			4	3	2	8		5
8	5		9	6	7	3	4	2
6	9	8	7	2	1	5	3	
5	2	7	3	8	4	1		
1				9	6	2	8	7

Sudoku 73

4	7	9		5	2	1	3	6
2	8			3	6	7	5	9
	6	5	1	9	7	2	8	
5	9		6		1	4	2	7
7	2	8				5	6	1
6			2			3		8
1	5	7	9			6	4	3
	4		5		3	9	7	2
	3	2			4	8	1	5

Sudoku 74

	4	3	2	6	8		1	7
1	8	2	3	7	5	6		9
6	7	5				8	2	3
	1	4	5		9	7	6	2
3	6	9		2	7	4	5	8
5	2		4		6	9	3	
7	5	1	6		2	3		
4		6	8		3	2	7	
2		8	7	5	4	1		6

Sudoku 75

9	4			1	6	3	2	8
2	3	6	7	4	8		9	1
8		5	2	3	9	7	6	4
6	8		9	5	4	2		
7	5	3	6	2	1			9
		2		8	7	1	5	
3	7		4	9			1	
1			8	7	5	9	3	2
5	9	2	1	6	3		8	

Sudoku 76

4	6	7	1	5	9		2	8
8	1	3	2	4	7	5	6	9
5	9		6	8	3	4	1	
7	5			1		2	8	4
2		8	4	7	5	6		1
1				2	8	7	3	5
9	2	4	5		1	8	7	3
	8	1			4	9		2
3		5	8	9	2	1		

Sudoku 77

1		9		3	5	6	4	7
7			1		8	9	2	
6	2	5	7	4	9	3	1	8
2	7	8		1	3	4		9
		6	4	5	7	1	8	2
	5	1	9	8		7	6	3
	1	7		6				
	9	4	5	2		8	7	6
8	6	2	3		4	5	9	1

Sudoku 78

6	9	8	1			5		4
	4	7				2	8	1
2	5	1	4	3	8	6	9	7
4		9		5	3	7	2	6
7		6				8		5
5	8	2	7		6	3	1	9
8	6		3	9	7	1	5	2
9	7	3		2	1	4	6	8
	2	5	6	8	4	9	7	

Sudoku 79

	9	1	6	2	8	5	7	
		2	9		3	8	6	4
	6	3			4			1
3	1			8	7	9	2	6
	4	9		6	5	7	3	
	7	8	3		2	1	4	5
9	2		8	4	1	3	5	7
5	8	4		3	9	6	1	
1	3	7			6		8	9

Sudoku 80

2	7	6		5	9		3	8
1	8	9		3				5
	5	4	7	8	2		1	6
5	3		4	1	7	8	6	9
4	6		2	9	8	3	5	1
9	1	8			5	7	2	4
6	9	3		7	1	5		2
	4	5		2		1	8	
8		1	5		3	6	9	7

Sudoku 81

		9	7	8				
2		1		6	9		8	7
	8	7	2	5	1	6	9	
8	9	2		7	6	1	4	5
7		3	1	9	5	8		6
6	1	5	8	2	4	9	7	
		8	9	4	2	7	6	1
1		4	6	3				9
9		6		1	7	4	3	8

Sudoku 82

6	4	9	7	5	3	1		8
7	3	2	6	8	1	4	9	5
5		1	9	2	4			6
8	5		4	1		6		2
2	1			6	8	9	4	3
9			2	3			8	
4	2		1	9	5	3	6	7
1	9		3	7	2	8	5	4
3	7			4		2	1	

Sudoku 83

7	2	8	5			1	4	9
3	9		7	4		8	6	
6	4	1	8	2	9			5
1	5	3	2		7			6
	7	9	3		4	2	5	
	6	4		9	5	7	8	3
4	3	6		1	8	5	2	7
9		7	4	5				8
	8	2	6	7	3	9	1	4

Sudoku 84

	3	9	4	1				5
		1	2		7	9	8	4
	4	2		9	8	1	6	3
	8	5	6		1		3	2
2			9		4	6		1
	1	6	3	2	5	8		7
6		4	7	5	9		1	8
	5	7	8	6	3	2	4	
3	9	8	1		2	5	7	6

Sudoku 85

8	3	4	6	9	7	5	1	2
5		2		3	1		9	8
	9	6	8			4	7	
9		1	5	8	4	3	2	7
3	8	5			6	9	4	1
4	2	7	9		3	8		5
6	1	3				7		
7	5	9	1	6	8		3	4
2	4	8		7	9	1	5	6

Sudoku 86

	8	2	6		9	7	3	5
7	9	6	1	5	3			8
4	5			2	7	9	1	
	3	8	4	7	1		9	2
	7	5		9				
9	1		2	6	5		8	7
	6	1	9	3	2		7	4
8	4	9	7	1	6	2	5	3
	2	7		8	4	1	6	9

Sudoku 87

9	3	5	1	8	4	2	6	7
2	8	6	5	9	7	1	3	
4	1		3	6	2			9
5	4	9	6	2	3		7	1
8			4					5
7		1		5	9	3	4	6
	5	2	7	1	8	4		3
1	9		2	3	6	7		8
3		8	9		5	6	1	2

Sudoku 88

2	1	9	8	3	7	5	4	6
	7	8	2	4	6	1	3	9
4		6		5			7	
8	4	1					2	7
6	9	5		7		3	8	1
	2		6	1	8	4	9	
1	6	2		8	3	7	5	4
	5		7	6	4	8	1	2
7		4	5	2		9	6	3

Sudoku 89

6	2	1	5	3	9	8		7
5	9	8			4	6		2
7	3	4		6		1	5	
9				4		2		1
	8	5	6			3	9	4
2	4	3	1	9	8	7	6	5
	7		9	8	1	5	2	
	5	9	2	7	6	4	1	
8	1	2	4		3		7	6

Sudoku 90

	8	3		9	2	4	6	7
6	9	2	7	4	1	3	8	5
4	5	7	3	6		2		9
8		1	4	2			5	
7	4	9	8		5	1		6
	2	5		1	9	8	7	4
2	7	6	9		4	5		1
		8	1	5	6			
5	1	4	2		3	6	9	

Sudoku 91

4	3	7	8		9	2	6	
5	6		7	4	2	1		8
1	8	2	3	6	5	9	4	7
2	4	3		8			1	9
9		6	2		1	5	8	
8		1	6	9	4	3	7	
7	1	8	9	5	3		2	
		4		2	8	7		3
3	2		4					1

Sudoku 92

		7	3	9	5	8		2
3	5		7	1	2		4	
2	9	1	6	8	4	5		3
7	4	2		5		6	3	1
1	3		2	7	6	4	9	8
	8	9	4		1	7	2	
9		3	1	6	8	2	5	4
5	2		9		3	1		7
	1	4	5	2	7	3		9

Sudoku 93

	4	2	1	8		7	9	6
7		9		3		1	2	8
1	8	6		7	9	4	3	
	1	7	8	5		3	4	
8	9	5		1	4	6	7	2
4	2	3	9	6		5	8	1
	6			4		2	1	7
		1	7		8	9	6	4
2	7	4		9	1	8	5	3

Sudoku 94

9		3		1	8	4	2	5
2						1	3	9
	4	5	2	9	3			8
6		1	9	7			5	3
5	9	7	8	3		2	4	
	3	4	5		1	9	7	
7	1	9	3	4	5	6		2
4		8	1	6	2	3	9	7
	6	2	7		9	5		4

Sudoku 95

		4	5	2	1	7	8	3
	8	7	3	9	4		2	6
2	3		8	7		9		4
	6	5	4	8	2			1
8	2	9	7		3		4	
	1	3	9	6	5	2	7	8
9	4	8	6		7	5	1	
1	7	6	2	5	8			9
3	5	2		4		8	6	7

Sudoku 96

7	1	5	6	9	4	8	3	2
2	9	3			8		6	7
8		6	3	7	2	9	5	1
1	7	4	9	6	5		8	3
		2		8	1	6	7	9
9		8	2	3	7			
4	3	7	8		6	1		5
6		9		1	3		4	
5	8	1	7	4	9		2	6

Sudoku 97

7	3	4	8				5	9
1	6	5	7	4		8		3
2	8	9	3	5	6	7	1	4
6		7	2	3	8		4	5
3		2	6		4			8
9	4	8	1	7	5	3	6	2
			9				8	7
8		3	5	2			9	6
	9			8	7	2	3	1

Sudoku 98

3	5	7	1	9	8		6	2
2	9		7	6	4	3	8	5
8	4	6	2	3			7	
7	2	9		5	1	6	4	8
1	8	4	9	7	6	5	2	
6	3	5		4	2		9	
	7		6	1				4
9	1	3	4			2	5	
4	6	8			3		1	9

Sudoku 99

9	4	2		7	6	5		1	3
5		3	2		1		8	
7	1	8	3	9		4		
	5	9		3	4	6	2	1
4	2	1	5	6	8		9	7
3	7		1	2	9	8	5	4
1		7	9			2		6
2	9		6	8			3	5
6	3	5	4	1	2	9	7	8

Bravo, tu peux passer au niveau supérieur.

Sudoku 100

2	7	4	3	8		6	1	9
5	6		7		1	3	2	
	1	8	2			5		7
		6	4	3	7	1	9	
4		5	1	9	2	8		6
1	9		8		6	4	3	
	4	3			8	2	5	1
6	5	1	9	2		7		4
7	8	2	5	1		9	6	3

Retrouve les aventures de DinoLudoLintello.

Niveau 1 : facile.
6-8 ans

Niveau expert : facile, moyen, difficile.
10-12 ans

Solutions

Sudoku 1

9	2	3	1	6	5	8	4	7
1	4	8	2	7	3	5	6	9
5	6	7	9	8	4	3	1	2
3	1	2	4	9	8	7	5	6
8	9	4	6	5	7	2	3	1
7	5	6	3	2	1	4	9	8
2	8	9	5	4	6	1	7	3
4	7	1	8	3	9	6	2	5
6	3	5	7	1	2	9	8	4

Sudoku 2

7	6	8	5	4	1	9	2	3
3	4	2	8	9	7	1	6	5
5	9	1	6	3	2	7	4	8
9	1	4	2	5	8	3	7	6
6	2	7	4	1	3	5	8	9
8	3	5	7	6	9	4	1	2
4	8	9	3	7	6	2	5	1
1	7	6	9	2	5	8	3	4
2	5	3	1	8	4	6	9	7

Sudoku 3

6	9	3	1	7	2	5	8	4
5	1	4	3	9	8	6	2	7
7	8	2	5	6	4	9	3	1
3	6	8	2	1	7	4	9	5
9	4	5	6	8	3	7	1	2
2	7	1	4	5	9	8	6	3
1	2	6	8	4	5	3	7	9
8	5	9	7	3	1	2	4	6
4	3	7	9	2	6	1	5	8

Sudoku 4

7	9	3	4	1	5	8	2	6
8	4	1	7	6	2	5	3	9
5	2	6	9	8	3	4	1	7
2	6	8	5	3	4	7	9	1
1	3	4	6	7	9	2	8	5
9	7	5	1	2	8	3	6	4
3	1	9	2	5	7	6	4	8
6	8	7	3	4	1	9	5	2
4	5	2	8	9	6	1	7	3

Sudoku 5

6	7	4	2	5	1	8	3	9
9	1	8	3	7	6	4	2	5
2	5	3	9	8	4	6	7	1
7	4	2	6	9	3	1	5	8
8	3	9	5	1	2	7	6	4
1	6	5	7	4	8	2	9	3
3	2	1	4	6	5	9	8	7
5	8	7	1	2	9	3	4	6
4	9	6	8	3	7	5	1	2

Sudoku 6

1	8	2	6	7	5	3	9	4
4	3	6	2	8	9	7	5	1
5	9	7	1	4	3	6	2	8
2	6	8	5	1	4	9	7	3
3	4	1	9	6	7	2	8	5
7	5	9	8	3	2	4	1	6
8	7	3	4	9	1	5	6	2
6	2	4	7	5	8	1	3	9
9	1	5	3	2	6	8	4	7

Sudoku 7

5	9	2	8	1	4	7	6	3
7	8	3	2	6	9	4	5	1
1	6	4	3	7	5	9	8	2
6	4	5	7	3	1	8	2	9
2	3	8	9	4	6	1	7	5
9	7	1	5	8	2	3	4	6
3	1	6	4	2	7	5	9	8
4	2	9	1	5	8	6	3	7
8	5	7	6	9	3	2	1	4

Sudoku 8

9	5	2	6	8	3	7	4	1
8	1	3	2	4	7	6	5	9
6	4	7	9	5	1	2	8	3
2	7	4	1	3	5	8	9	6
3	8	6	7	9	2	5	1	4
1	9	5	4	6	8	3	2	7
7	3	1	8	2	9	4	6	5
4	2	9	5	7	6	1	3	8
5	6	8	3	1	4	9	7	2

Sudoku 9

9	6	2	8	7	5	3	4	1
5	1	7	4	6	3	2	8	9
3	8	4	9	2	1	5	7	6
2	4	9	7	1	8	6	5	3
1	3	5	2	4	6	8	9	7
6	7	8	5	3	9	4	1	2
4	5	3	6	9	7	1	2	8
7	2	1	3	8	4	9	6	5
8	9	6	1	5	2	7	3	4

Sudoku 10

5	6	1	9	3	2	7	4	8
8	9	7	5	6	4	1	3	2
3	4	2	8	1	7	6	9	5
1	8	3	6	9	5	4	2	7
7	2	6	3	4	8	9	5	1
9	5	4	2	7	1	8	6	3
6	1	9	7	2	3	5	8	4
2	7	8	4	5	6	3	1	9
4	3	5	1	8	9	2	7	6

Sudoku 11

2	8	1	9	7	4	6	3	5
7	6	3	1	2	5	8	9	4
9	5	4	6	3	8	2	1	7
5	4	9	8	6	3	1	7	2
6	7	8	5	1	2	9	4	3
1	3	2	7	4	9	5	8	6
8	2	7	3	9	6	4	5	1
4	1	5	2	8	7	3	6	9
3	9	6	4	5	1	7	2	8

Sudoku 12

8	5	6	7	1	3	9	4	2
1	3	4	6	9	2	5	7	8
2	7	9	5	8	4	6	3	1
3	4	2	1	5	7	8	9	6
7	1	8	9	4	6	3	2	5
9	6	5	3	2	8	4	1	7
4	2	7	8	3	5	1	6	9
6	8	1	4	7	9	2	5	3
5	9	3	2	6	1	7	8	4

Sudoku 13

5	8	1	2	9	6	3	4	7
2	7	6	3	1	4	5	8	9
9	4	3	5	7	8	2	1	6
8	2	5	6	4	3	9	7	1
3	1	7	9	8	2	4	6	5
6	9	4	7	5	1	8	3	2
4	6	8	1	2	9	7	5	3
7	3	9	4	6	5	1	2	8
1	5	2	8	3	7	6	9	4

Sudoku 14

3	5	7	4	6	1	2	8	9
1	4	6	8	2	9	5	7	3
2	9	8	5	3	7	6	4	1
9	8	3	6	7	5	1	2	4
4	1	5	2	8	3	9	6	7
6	7	2	9	1	4	8	3	5
5	6	1	3	4	8	7	9	2
7	2	4	1	9	6	3	5	8
8	3	9	7	5	2	4	1	6

Sudoku 15

3	1	4	7	9	6	8	2	5
8	2	9	5	4	3	1	7	6
5	7	6	2	1	8	3	4	9
2	9	1	6	5	7	4	8	3
7	4	3	8	2	9	5	6	1
6	5	8	1	3	4	2	9	7
4	3	2	9	6	1	7	5	8
1	6	7	4	8	5	9	3	2
9	8	5	3	7	2	6	1	4

Sudoku 16

7	6	5	2	4	9	1	3	8
4	2	3	8	6	1	5	9	7
9	1	8	7	3	5	4	6	2
6	8	7	4	9	3	2	5	1
5	4	2	6	1	7	3	8	9
1	3	9	5	8	2	7	4	6
3	9	6	1	7	4	8	2	5
2	7	4	9	5	8	6	1	3
8	5	1	3	2	6	9	7	4

Sudoku 17

4	1	6	8	3	9	2	5	7
3	5	7	6	1	2	9	8	4
9	8	2	5	4	7	1	3	6
5	6	4	9	8	3	7	2	1
1	7	9	2	5	4	8	6	3
8	2	3	1	7	6	4	9	5
2	9	5	4	6	1	3	7	8
6	3	1	7	2	8	5	4	9
7	4	8	3	9	5	6	1	2

Sudoku 18

1	9	2	5	6	8	4	3	7
7	5	4	9	2	3	8	6	1
8	6	3	4	7	1	2	5	9
6	7	5	1	3	2	9	4	8
2	8	9	7	5	4	6	1	3
3	4	1	8	9	6	5	7	2
9	3	7	2	4	5	1	8	6
4	1	6	3	8	9	7	2	5
5	2	8	6	1	7	3	9	4

Sudoku 19

1	2	7	5	4	9	6	8	3
6	5	3	2	7	8	4	9	1
8	9	4	6	3	1	5	2	7
3	6	1	9	5	2	8	7	4
2	8	9	7	6	4	1	3	5
4	7	5	8	1	3	2	6	9
5	3	2	4	8	7	9	1	6
7	4	8	1	9	6	3	5	2
9	1	6	3	2	5	7	4	8

Sudoku 20

4	1	5	7	8	9	2	6	3
7	6	3	4	1	2	8	9	5
2	8	9	3	5	6	1	4	7
9	7	8	1	4	5	6	3	2
1	5	4	6	2	3	9	7	8
6	3	2	9	7	8	4	5	1
5	4	7	8	9	1	3	2	6
3	9	1	2	6	7	5	8	4
8	2	6	5	3	4	7	1	9

Sudoku 21

6	7	2	3	4	1	8	5	9
5	1	3	9	8	6	4	2	7
9	8	4	2	5	7	1	6	3
4	6	9	1	2	8	3	7	5
3	5	8	7	6	9	2	1	4
1	2	7	4	3	5	9	8	6
8	4	6	5	1	3	7	9	2
2	9	1	6	7	4	5	3	8
7	3	5	8	9	2	6	4	1

Sudoku 22

4	3	6	7	9	2	8	1	5
5	7	9	3	8	1	2	4	6
2	1	8	5	6	4	7	9	3
8	4	7	9	5	3	6	2	1
3	6	5	1	2	8	4	7	9
1	9	2	4	7	6	3	5	8
9	8	3	2	4	5	1	6	7
7	2	1	6	3	9	5	8	4
6	5	4	8	1	7	9	3	2

Sudoku 23

1	9	3	8	2	5	7	4	6
4	2	5	9	7	6	3	8	1
6	8	7	1	3	4	9	5	2
9	6	2	3	1	8	4	7	5
8	3	4	7	5	2	1	6	9
5	7	1	4	6	9	2	3	8
3	1	8	6	9	7	5	2	4
7	5	6	2	4	1	8	9	3
2	4	9	5	8	3	6	1	7

Sudoku 24

8	3	1	2	9	5	6	7	4
9	7	2	8	6	4	1	5	3
5	4	6	3	1	7	9	2	8
3	2	8	6	4	1	5	9	7
7	9	4	5	2	3	8	1	6
1	6	5	7	8	9	4	3	2
4	5	7	9	3	6	2	8	1
2	1	9	4	7	8	3	6	5
6	8	3	1	5	2	7	4	9

Sudoku 25

7	4	3	2	1	6	8	9	5
5	6	8	7	4	9	2	3	1
2	9	1	5	3	8	4	7	6
3	1	9	8	2	4	5	6	7
6	2	4	1	7	5	3	8	9
8	5	7	9	6	3	1	2	4
4	3	2	6	9	1	7	5	8
1	8	6	3	5	7	9	4	2
9	7	5	4	8	2	6	1	3

Sudoku 26

2	7	3	4	5	9	6	8	1
5	1	4	8	2	6	9	7	3
9	6	8	3	1	7	5	4	2
8	4	7	2	3	5	1	9	6
6	3	2	9	8	1	4	5	7
1	9	5	7	6	4	3	2	8
7	2	1	5	4	3	8	6	9
3	5	9	6	7	8	2	1	4
4	8	6	1	9	2	7	3	5

Sudoku 27

4	9	5	7	2	3	6	8	1
6	1	8	9	4	5	3	2	7
7	3	2	6	1	8	9	5	4
5	6	3	4	8	2	7	1	9
1	8	4	5	9	7	2	6	3
9	2	7	1	3	6	8	4	5
2	7	1	3	6	4	5	9	8
3	4	6	8	5	9	1	7	2
8	5	9	2	7	1	4	3	6

Sudoku 28

3	8	1	9	7	6	5	2	4
2	4	7	8	3	5	9	6	1
9	6	5	2	1	4	7	8	3
6	5	4	7	8	9	1	3	2
1	3	8	6	5	2	4	9	7
7	2	9	1	4	3	8	5	6
5	7	3	4	6	8	2	1	9
8	1	2	3	9	7	6	4	5
4	9	6	5	2	1	3	7	8

Sudoku 29

8	1	6	9	3	4	7	5	2
5	4	2	7	1	8	9	3	6
9	7	3	6	2	5	8	4	1
1	2	8	3	5	7	6	9	4
6	3	4	2	9	1	5	7	8
7	5	9	8	4	6	2	1	3
4	8	7	5	6	3	1	2	9
2	6	1	4	7	9	3	8	5
3	9	5	1	8	2	4	6	7

Sudoku 30

7	5	9	1	4	3	2	8	6
8	6	3	5	9	2	7	4	1
4	2	1	8	6	7	3	9	5
1	8	7	9	2	6	5	3	4
9	3	6	7	5	4	8	1	2
5	4	2	3	1	8	9	6	7
3	7	4	6	8	5	1	2	9
2	1	8	4	7	9	6	5	3
6	9	5	2	3	1	4	7	8

Sudoku 31

3	5	1	2	7	4	6	8	9
2	9	7	8	5	6	3	4	1
4	8	6	1	9	3	7	2	5
5	3	9	7	8	2	1	6	4
8	1	4	9	6	5	2	3	7
7	6	2	4	3	1	5	9	8
1	4	3	5	2	8	9	7	6
9	2	8	6	1	7	4	5	3
6	7	5	3	4	9	8	1	2

Sudoku 32

3	6	5	9	2	8	7	1	4
1	2	4	6	5	7	3	8	9
7	8	9	1	3	4	2	6	5
5	1	6	4	8	2	9	7	3
9	4	8	7	1	3	5	2	6
2	3	7	5	6	9	1	4	8
6	5	3	8	7	1	4	9	2
8	9	1	2	4	5	6	3	7
4	7	2	3	9	6	8	5	1

Sudoku 33

3	2	4	8	5	1	7	9	6
7	5	8	6	3	9	2	1	4
9	6	1	7	4	2	3	5	8
1	7	5	2	8	4	9	6	3
2	4	3	9	1	6	8	7	5
8	9	6	3	7	5	4	2	1
5	3	9	4	6	7	1	8	2
6	8	2	1	9	3	5	4	7
4	1	7	5	2	8	6	3	9

Sudoku 34

9	5	3	4	1	6	2	7	8
1	4	2	3	8	7	6	5	9
8	6	7	5	2	9	3	4	1
7	1	9	2	6	3	4	8	5
6	3	5	1	4	8	9	2	7
2	8	4	9	7	5	1	6	3
4	9	6	7	5	1	8	3	2
5	2	1	8	3	4	7	9	6
3	7	8	6	9	2	5	1	4

Sudoku 35

8	6	4	2	3	5	9	7	1
3	2	9	1	4	7	8	5	6
5	7	1	9	8	6	4	2	3
2	9	3	8	5	1	7	6	4
4	1	7	3	6	9	2	8	5
6	8	5	7	2	4	3	1	9
7	4	2	6	1	3	5	9	8
1	5	8	4	9	2	6	3	7
9	3	6	5	7	8	1	4	2

Sudoku 36

7	6	5	9	1	3	4	2	8
4	8	1	7	5	2	9	3	6
9	2	3	4	8	6	7	1	5
6	5	7	8	9	1	3	4	2
8	4	2	3	7	5	6	9	1
1	3	9	6	2	4	8	5	7
5	7	8	1	3	9	2	6	4
3	1	6	2	4	7	5	8	9
2	9	4	5	6	8	1	7	3

Sudoku 37

6	5	7	4	9	1	2	3	8
2	1	3	8	5	7	9	6	4
4	9	8	6	2	3	5	1	7
7	8	6	9	4	2	3	5	1
9	4	2	1	3	5	8	7	6
1	3	5	7	6	8	4	2	9
8	2	9	5	7	6	1	4	3
5	6	4	3	1	9	7	8	2
3	7	1	2	8	4	6	9	5

Sudoku 38

2	1	9	4	8	5	7	6	3
5	3	7	6	9	1	4	8	2
4	6	8	3	2	7	9	5	1
8	7	2	1	3	4	5	9	6
6	9	1	5	7	8	2	3	4
3	4	5	2	6	9	1	7	8
7	2	3	9	1	6	8	4	5
9	5	6	8	4	2	3	1	7
1	8	4	7	5	3	6	2	9

Sudoku 39

3	9	5	8	7	1	6	2	4
8	2	6	3	5	4	7	1	9
4	7	1	9	2	6	8	5	3
2	1	8	6	4	7	3	9	5
7	3	4	2	9	5	1	8	6
6	5	9	1	8	3	2	4	7
5	6	3	4	1	2	9	7	8
1	8	7	5	3	9	4	6	2
9	4	2	7	6	8	5	3	1

Sudoku 40

1	6	2	9	5	4	7	3	8
3	9	7	6	1	8	4	5	2
8	4	5	2	7	3	6	9	1
9	7	3	5	4	2	1	8	6
4	8	1	7	3	6	9	2	5
2	5	6	8	9	1	3	7	4
5	1	4	3	8	9	2	6	7
6	3	8	4	2	7	5	1	9
7	2	9	1	6	5	8	4	3

Sudoku 41

7	5	6	3	4	2	9	8	1
1	9	8	5	7	6	2	3	4
3	2	4	1	9	8	7	5	6
2	8	3	6	5	4	1	7	9
6	7	5	9	2	1	8	4	3
9	4	1	7	8	3	6	2	5
8	6	2	4	1	5	3	9	7
5	3	9	8	6	7	4	1	2
4	1	7	2	3	9	5	6	8

Sudoku 42

4	1	9	3	6	7	5	8	2
7	8	6	1	5	2	3	9	4
2	3	5	4	8	9	7	6	1
5	2	4	8	1	3	9	7	6
6	7	1	2	9	5	8	4	3
3	9	8	6	7	4	2	1	5
9	6	2	7	3	1	4	5	8
8	4	7	5	2	6	1	3	9
1	5	3	9	4	8	6	2	7

Sudoku 43

8	6	7	4	9	3	5	2	1
1	5	9	2	6	8	3	7	4
2	3	4	7	1	5	6	9	8
3	7	2	1	8	9	4	5	6
9	8	6	3	5	4	7	1	2
4	1	5	6	7	2	9	8	3
5	4	1	8	3	7	2	6	9
7	2	8	9	4	6	1	3	5
6	9	3	5	2	1	8	4	7

Sudoku 44

6	7	4	5	1	3	9	2	8
3	1	9	2	8	6	7	4	5
2	8	5	4	7	9	1	3	6
9	5	6	1	2	7	4	8	3
7	4	2	3	5	8	6	1	9
8	3	1	6	9	4	5	7	2
4	9	8	7	6	2	3	5	1
1	6	3	8	4	5	2	9	7
5	2	7	9	3	1	8	6	4

Sudoku 45

2	8	9	6	4	5	3	1	7
1	7	3	2	9	8	5	6	4
5	4	6	3	1	7	8	9	2
8	2	5	9	7	3	6	4	1
4	9	7	1	5	6	2	3	8
6	3	1	8	2	4	7	5	9
3	1	2	7	6	9	4	8	5
7	6	4	5	8	1	9	2	3
9	5	8	4	3	2	1	7	6

Sudoku 46

9	1	6	8	4	7	5	2	3
8	4	7	5	3	2	6	1	9
2	3	5	9	1	6	7	8	4
4	6	3	7	9	1	8	5	2
5	8	2	4	6	3	9	7	1
1	7	9	2	5	8	3	4	6
3	9	8	1	2	5	4	6	7
7	2	4	6	8	9	1	3	5
6	5	1	3	7	4	2	9	8

Sudoku 47

5	8	4	1	7	6	9	3	2
7	2	3	8	4	9	5	6	1
1	9	6	5	2	3	7	8	4
6	5	9	4	3	7	2	1	8
4	1	2	9	6	8	3	5	7
8	3	7	2	1	5	6	4	9
9	4	1	6	5	2	8	7	3
3	6	8	7	9	4	1	2	5
2	7	5	3	8	1	4	9	6

Sudoku 48

8	9	3	6	4	1	7	5	2
5	2	1	7	9	8	6	4	3
4	6	7	2	5	3	9	1	8
6	7	2	5	3	4	1	8	9
1	5	8	9	7	6	2	3	4
3	4	9	1	8	2	5	6	7
9	8	5	4	6	7	3	2	1
2	3	6	8	1	9	4	7	5
7	1	4	3	2	5	8	9	6

Sudoku 49

6	1	4	8	7	3	2	9	5
2	3	8	4	9	5	7	6	1
5	7	9	6	2	1	8	4	3
1	9	7	5	4	2	6	3	8
4	5	6	9	3	8	1	2	7
8	2	3	1	6	7	9	5	4
3	8	1	2	5	6	4	7	9
9	6	5	7	1	4	3	8	2
7	4	2	3	8	9	5	1	6

Sudoku 50

8	9	1	6	4	3	5	2	7
5	2	7	8	9	1	4	3	6
4	6	3	7	5	2	8	9	1
7	1	8	2	6	5	9	4	3
2	4	5	3	1	9	6	7	8
9	3	6	4	7	8	2	1	5
1	8	2	5	3	4	7	6	9
6	5	9	1	2	7	3	8	4
3	7	4	9	8	6	1	5	2

Sudoku 51

4	8	3	1	5	9	6	2	7
9	5	1	2	6	7	3	8	4
2	7	6	4	8	3	9	5	1
6	2	4	9	7	8	5	1	3
1	9	7	5	3	4	2	6	8
8	3	5	6	2	1	4	7	9
3	6	9	7	1	5	8	4	2
7	4	2	8	9	6	1	3	5
5	1	8	3	4	2	7	9	6

Sudoku 52

4	1	9	3	6	5	8	7	2
5	8	6	7	2	4	3	9	1
3	7	2	9	8	1	4	5	6
7	6	5	8	1	3	2	4	9
1	4	3	5	9	2	6	8	7
9	2	8	4	7	6	5	1	3
2	9	4	6	5	7	1	3	8
6	3	7	1	4	8	9	2	5
8	5	1	2	3	9	7	6	4

Sudoku 53

1	4	8	5	3	7	9	2	6
9	6	5	4	2	1	8	3	7
3	7	2	9	8	6	5	4	1
4	2	9	6	5	3	1	7	8
6	5	7	8	1	2	3	9	4
8	1	3	7	9	4	6	5	2
5	3	4	1	7	8	2	6	9
7	9	1	2	6	5	4	8	3
2	8	6	3	4	9	7	1	5

Sudoku 54

1	8	2	7	4	6	3	9	5
9	3	6	8	5	1	7	2	4
4	5	7	9	3	2	8	6	1
6	2	5	3	1	7	4	8	9
3	4	9	6	2	8	1	5	7
8	7	1	5	9	4	2	3	6
5	9	4	1	8	3	6	7	2
2	6	8	4	7	9	5	1	3
7	1	3	2	6	5	9	4	8

Sudoku 55

1	2	8	7	6	4	3	9	5
4	7	9	5	1	3	6	2	8
5	6	3	2	8	9	4	1	7
8	5	1	3	2	7	9	4	6
7	4	2	1	9	6	8	5	3
9	3	6	4	5	8	2	7	1
2	1	4	8	3	5	7	6	9
6	8	7	9	4	1	5	3	2
3	9	5	6	7	2	1	8	4

Sudoku 56

3	7	4	2	6	8	9	1	5
1	5	6	9	7	4	3	2	8
8	2	9	3	1	5	4	7	6
5	1	2	4	8	7	6	9	3
4	6	8	1	3	9	7	5	2
7	9	3	5	2	6	1	8	4
9	3	1	8	4	2	5	6	7
2	4	7	6	5	1	8	3	9
6	8	5	7	9	3	2	4	1

Sudoku 57

8	5	7	4	1	9	3	6	2
3	1	2	5	6	8	4	7	9
9	6	4	2	3	7	5	1	8
4	8	3	9	5	1	7	2	6
6	2	1	7	4	3	9	8	5
7	9	5	6	8	2	1	3	4
2	4	8	3	7	5	6	9	1
1	3	6	8	9	4	2	5	7
5	7	9	1	2	6	8	4	3

Sudoku 58

7	8	4	5	9	3	1	6	2
9	2	6	1	4	7	3	5	8
5	3	1	2	6	8	7	4	9
1	9	7	6	5	2	4	8	3
3	5	2	4	8	9	6	1	7
4	6	8	7	3	1	2	9	5
6	1	9	3	2	5	8	7	4
8	7	3	9	1	4	5	2	6
2	4	5	8	7	6	9	3	1

Sudoku 59

7	8	3	1	6	4	5	2	9
6	1	9	8	5	2	4	7	3
5	4	2	9	3	7	8	1	6
3	6	8	5	2	1	7	9	4
1	2	5	7	4	9	6	3	8
9	7	4	3	8	6	1	5	2
8	3	1	6	9	5	2	4	7
2	5	6	4	7	3	9	8	1
4	9	7	2	1	8	3	6	5

Sudoku 60

7	2	9	1	3	5	6	4	8
8	1	4	2	9	6	5	7	3
3	5	6	4	8	7	9	2	1
1	4	7	6	5	3	8	9	2
9	3	5	7	2	8	1	6	4
6	8	2	9	4	1	7	3	5
5	6	1	3	7	2	4	8	9
4	7	3	8	1	9	2	5	6
2	9	8	5	6	4	3	1	7

Sudoku 61

9	3	4	1	2	7	8	6	5
2	1	5	6	8	4	9	7	3
7	8	6	9	5	3	1	2	4
6	5	2	8	3	1	4	9	7
4	7	1	5	9	6	2	3	8
3	9	8	4	7	2	5	1	6
5	2	3	7	4	9	6	8	1
1	4	9	3	6	8	7	5	2
8	6	7	2	1	5	3	4	9

Sudoku 62

4	3	7	5	1	6	2	8	9
6	9	2	7	8	4	5	1	3
1	5	8	3	2	9	4	6	7
5	2	3	6	7	1	8	9	4
7	4	9	2	3	8	1	5	6
8	1	6	9	4	5	7	3	2
9	6	4	1	5	7	3	2	8
2	8	5	4	9	3	6	7	1
3	7	1	8	6	2	9	4	5

Sudoku 63

3	9	2	7	6	1	4	8	5
7	5	1	4	8	2	6	3	9
8	4	6	3	5	9	7	2	1
5	3	9	8	7	4	2	1	6
4	6	8	2	1	3	9	5	7
1	2	7	6	9	5	8	4	3
2	8	5	9	3	7	1	6	4
6	7	3	1	4	8	5	9	2
9	1	4	5	2	6	3	7	8

Sudoku 64

4	9	1	7	5	6	3	2	8
7	2	6	4	8	3	9	1	5
3	8	5	1	2	9	4	7	6
9	3	7	8	1	2	5	6	4
2	5	4	3	6	7	8	9	1
1	6	8	5	9	4	2	3	7
8	1	9	6	3	5	7	4	2
6	4	2	9	7	8	1	5	3
5	7	3	2	4	1	6	8	9

Sudoku 65

8	9	2	7	5	3	6	4	1
5	3	1	8	6	4	9	2	7
7	4	6	2	9	1	5	8	3
1	7	9	6	4	8	2	3	5
6	2	4	3	7	5	8	1	9
3	5	8	1	2	9	7	6	4
2	1	7	5	3	6	4	9	8
9	8	5	4	1	2	3	7	6
4	6	3	9	8	7	1	5	2

Sudoku 66

1	3	5	4	6	9	7	2	8
9	6	2	5	8	7	1	3	4
8	4	7	1	2	3	5	6	9
2	9	3	8	5	4	6	1	7
5	7	1	3	9	6	4	8	2
4	8	6	2	7	1	9	5	3
3	5	4	9	1	2	8	7	6
7	2	8	6	4	5	3	9	1
6	1	9	7	3	8	2	4	5

Sudoku 67

1	5	6	4	7	9	3	8	2
4	3	2	6	8	1	5	9	7
9	8	7	5	3	2	1	6	4
3	7	1	2	9	4	8	5	6
2	4	5	8	1	6	9	7	3
8	6	9	3	5	7	4	2	1
5	9	4	7	2	3	6	1	8
7	1	3	9	6	8	2	4	5
6	2	8	1	4	5	7	3	9

Sudoku 68

8	7	6	4	2	5	1	3	9
4	2	5	3	9	1	7	6	8
1	9	3	7	6	8	5	2	4
2	4	1	6	3	7	9	8	5
7	6	8	9	5	2	4	1	3
3	5	9	8	1	4	2	7	6
6	1	2	5	8	9	3	4	7
9	8	7	2	4	3	6	5	1
5	3	4	1	7	6	8	9	2

Sudoku 69

9	7	6	4	8	2	1	5	3
5	4	8	1	7	3	9	2	6
1	3	2	5	6	9	4	8	7
8	9	3	2	5	4	6	7	1
6	5	1	7	9	8	2	3	4
4	2	7	3	1	6	5	9	8
7	1	9	6	3	5	8	4	2
2	6	5	8	4	7	3	1	9
3	8	4	9	2	1	7	6	5

Sudoku 70

8	4	9	7	2	6	1	3	5
6	1	7	8	5	3	2	4	9
5	2	3	9	1	4	7	8	6
1	8	2	6	9	7	4	5	3
9	6	5	3	4	2	8	1	7
3	7	4	5	8	1	6	9	2
7	3	8	1	6	5	9	2	4
2	5	1	4	7	9	3	6	8
4	9	6	2	3	8	5	7	1

Sudoku 71

1	4	9	7	8	2	6	5	3
7	6	8	5	4	3	1	9	2
2	3	5	9	1	6	8	7	4
9	7	2	3	6	1	5	4	8
5	1	6	8	9	4	2	3	7
3	8	4	2	5	7	9	6	1
4	2	1	6	3	5	7	8	9
8	5	3	1	7	9	4	2	6
6	9	7	4	2	8	3	1	5

Sudoku 72

2	1	6	8	7	9	4	5	3
9	8	5	2	4	3	6	7	1
3	7	4	6	1	5	9	2	8
4	3	2	1	5	8	7	9	6
7	6	9	4	3	2	8	1	5
8	5	1	9	6	7	3	4	2
6	9	8	7	2	1	5	3	4
5	2	7	3	8	4	1	6	9
1	4	3	5	9	6	2	8	7

Sudoku 73

4	7	9	8	5	2	1	3	6
2	8	1	4	3	6	7	5	9
3	6	5	1	9	7	2	8	4
5	9	3	6	8	1	4	2	7
7	2	8	3	4	9	5	6	1
6	1	4	2	7	5	3	9	8
1	5	7	9	2	8	6	4	3
8	4	6	5	1	3	9	7	2
9	3	2	7	6	4	8	1	5

Sudoku 74

9	4	3	2	6	8	5	1	7
1	8	2	3	7	5	6	4	9
6	7	5	9	4	1	8	2	3
8	1	4	5	3	9	7	6	2
3	6	9	1	2	7	4	5	8
5	2	7	4	8	6	9	3	1
7	5	1	6	9	2	3	8	4
4	9	6	8	1	3	2	7	5
2	3	8	7	5	4	1	9	6

Sudoku 75

9	4	7	5	1	6	3	2	8
2	3	6	7	4	8	5	9	1
8	1	5	2	3	9	7	6	4
6	8	1	9	5	4	2	7	3
7	5	3	6	2	1	8	4	9
4	2	9	3	8	7	1	5	6
3	7	8	4	9	2	6	1	5
1	6	4	8	7	5	9	3	2
5	9	2	1	6	3	4	8	7

Sudoku 76

4	6	7	1	5	9	3	2	8
8	1	3	2	4	7	5	6	9
5	9	2	6	8	3	4	1	7
7	5	9	3	1	6	2	8	4
2	3	8	4	7	5	6	9	1
1	4	6	9	2	8	7	3	5
9	2	4	5	6	1	8	7	3
6	8	1	7	3	4	9	5	2
3	7	5	8	9	2	1	4	6

Sudoku 77

1	8	9	2	3	5	6	4	7
7	4	3	1	6	8	9	2	5
6	2	5	7	4	9	3	1	8
2	7	8	6	1	3	4	5	9
9	3	6	4	5	7	1	8	2
4	5	1	9	8	2	7	6	3
5	1	7	8	9	6	2	3	4
3	9	4	5	2	1	8	7	6
8	6	2	3	7	4	5	9	1

Sudoku 78

6	9	8	1	7	2	5	3	4
3	4	7	9	6	5	2	8	1
2	5	1	4	3	8	6	9	7
4	1	9	8	5	3	7	2	6
7	3	6	2	1	9	8	4	5
5	8	2	7	4	6	3	1	9
8	6	4	3	9	7	1	5	2
9	7	3	5	2	1	4	6	8
1	2	5	6	8	4	9	7	3

Sudoku 79

4	9	1	6	2	8	5	7	3
7	5	2	9	1	3	8	6	4
8	6	3	5	7	4	2	9	1
3	1	5	4	8	7	9	2	6
2	4	9	1	6	5	7	3	8
6	7	8	3	9	2	1	4	5
9	2	6	8	4	1	3	5	7
5	8	4	7	3	9	6	1	2
1	3	7	2	5	6	4	8	9

Sudoku 80

2	7	6	1	5	9	4	3	8
1	8	9	6	3	4	2	7	5
3	5	4	7	8	2	9	1	6
5	3	2	4	1	7	8	6	9
4	6	7	2	9	8	3	5	1
9	1	8	3	6	5	7	2	4
6	9	3	8	7	1	5	4	2
7	4	5	9	2	6	1	8	3
8	2	1	5	4	3	6	9	7

Sudoku 81

4	6	9	7	8	3	5	1	2
2	5	1	4	6	9	3	8	7
3	8	7	2	5	1	6	9	4
8	9	2	3	7	6	1	4	5
7	4	3	1	9	5	8	2	6
6	1	5	8	2	4	9	7	3
5	3	8	9	4	2	7	6	1
1	7	4	6	3	8	2	5	9
9	2	6	5	1	7	4	3	8

Sudoku 82

6	4	9	7	5	3	1	2	8
7	3	2	6	8	1	4	9	5
5	8	1	9	2	4	7	3	6
8	5	3	4	1	9	6	7	2
2	1	7	5	6	8	9	4	3
9	6	4	2	3	7	5	8	1
4	2	8	1	9	5	3	6	7
1	9	6	3	7	2	8	5	4
3	7	5	8	4	6	2	1	9

Sudoku 83

7	2	8	5	3	6	1	4	9
3	9	5	7	4	1	8	6	2
6	4	1	8	2	9	3	7	5
1	5	3	2	8	7	4	9	6
8	7	9	3	6	4	2	5	1
2	6	4	1	9	5	7	8	3
4	3	6	9	1	8	5	2	7
9	1	7	4	5	2	6	3	8
5	8	2	6	7	3	9	1	4

Sudoku 84

8	3	9	4	1	6	7	2	5
5	6	1	2	3	7	9	8	4
7	4	2	5	9	8	1	6	3
9	8	5	6	7	1	4	3	2
2	7	3	9	8	4	6	5	1
4	1	6	3	2	5	8	9	7
6	2	4	7	5	9	3	1	8
1	5	7	8	6	3	2	4	9
3	9	8	1	4	2	5	7	6

Sudoku 85

8	3	4	6	9	7	5	1	2
5	7	2	4	3	1	6	9	8
1	9	6	8	5	2	4	7	3
9	6	1	5	8	4	3	2	7
3	8	5	7	2	6	9	4	1
4	2	7	9	1	3	8	6	5
6	1	3	2	4	5	7	8	9
7	5	9	1	6	8	2	3	4
2	4	8	3	7	9	1	5	6

Sudoku 86

1	8	2	6	4	9	7	3	5
7	9	6	1	5	3	4	2	8
4	5	3	8	2	7	9	1	6
6	3	8	4	7	1	5	9	2
2	7	5	3	9	8	6	4	1
9	1	4	2	6	5	3	8	7
5	6	1	9	3	2	8	7	4
8	4	9	7	1	6	2	5	3
3	2	7	5	8	4	1	6	9

Sudoku 87

9	3	5	1	8	4	2	6	7
2	8	6	5	9	7	1	3	4
4	1	7	3	6	2	5	8	9
5	4	9	6	2	3	8	7	1
8	6	3	4	7	1	9	2	5
7	2	1	8	5	9	3	4	6
6	5	2	7	1	8	4	9	3
1	9	4	2	3	6	7	5	8
3	7	8	9	4	5	6	1	2

Sudoku 88

2	1	9	8	3	7	5	4	6
5	7	8	2	4	6	1	3	9
4	3	6	1	5	9	2	7	8
8	4	1	3	9	5	6	2	7
6	9	5	4	7	2	3	8	1
3	2	7	6	1	8	4	9	5
1	6	2	9	8	3	7	5	4
9	5	3	7	6	4	8	1	2
7	8	4	5	2	1	9	6	3

Sudoku 89

6	2	1	5	3	9	8	4	7
5	9	8	7	1	4	6	3	2
7	3	4	8	6	2	1	5	9
9	6	7	3	4	5	2	8	1
1	8	5	6	2	7	3	9	4
2	4	3	1	9	8	7	6	5
4	7	6	9	8	1	5	2	3
3	5	9	2	7	6	4	1	8
8	1	2	4	5	3	9	7	6

Sudoku 90

1	8	3	5	9	2	4	6	7
6	9	2	7	4	1	3	8	5
4	5	7	3	6	8	2	1	9
8	6	1	4	2	7	9	5	3
7	4	9	8	3	5	1	2	6
3	2	5	6	1	9	8	7	4
2	7	6	9	8	4	5	3	1
9	3	8	1	5	6	7	4	2
5	1	4	2	7	3	6	9	8

Sudoku 91

4	3	7	8	1	9	2	6	5
5	6	9	7	4	2	1	3	8
1	8	2	3	6	5	9	4	7
2	4	3	5	8	7	6	1	9
9	7	6	2	3	1	5	8	4
8	5	1	6	9	4	3	7	2
7	1	8	9	5	3	4	2	6
6	9	4	1	2	8	7	5	3
3	2	5	4	7	6	8	9	1

Sudoku 92

4	6	7	3	9	5	8	1	2
3	5	8	7	1	2	9	4	6
2	9	1	6	8	4	5	7	3
7	4	2	8	5	9	6	3	1
1	3	5	2	7	6	4	9	8
6	8	9	4	3	1	7	2	5
9	7	3	1	6	8	2	5	4
5	2	6	9	4	3	1	8	7
8	1	4	5	2	7	3	6	9

Sudoku 93

3	4	2	1	8	5	7	9	6
7	5	9	4	3	6	1	2	8
1	8	6	2	7	9	4	3	5
6	1	7	8	5	2	3	4	9
8	9	5	3	1	4	6	7	2
4	2	3	9	6	7	5	8	1
9	6	8	5	4	3	2	1	7
5	3	1	7	2	8	9	6	4
2	7	4	6	9	1	8	5	3

Sudoku 94

9	7	3	6	1	8	4	2	5
2	8	6	4	5	7	1	3	9
1	4	5	2	9	3	7	6	8
6	2	1	9	7	4	8	5	3
5	9	7	8	3	6	2	4	1
8	3	4	5	2	1	9	7	6
7	1	9	3	4	5	6	8	2
4	5	8	1	6	2	3	9	7
3	6	2	7	8	9	5	1	4

Sudoku 95

6	9	4	5	2	1	7	8	3
5	8	7	3	9	4	1	2	6
2	3	1	8	7	6	9	5	4
7	6	5	4	8	2	3	9	1
8	2	9	7	1	3	6	4	5
4	1	3	9	6	5	2	7	8
9	4	8	6	3	7	5	1	2
1	7	6	2	5	8	4	3	9
3	5	2	1	4	9	8	6	7

Sudoku 96

7	1	5	6	9	4	8	3	2
2	9	3	1	5	8	4	6	7
8	4	6	3	7	2	9	5	1
1	7	4	9	6	5	2	8	3
3	5	2	4	8	1	6	7	9
9	6	8	2	3	7	5	1	4
4	3	7	8	2	6	1	9	5
6	2	9	5	1	3	7	4	8
5	8	1	7	4	9	3	2	6

Sudoku 97

7	3	4	8	1	2	6	5	9
1	6	5	7	4	9	8	2	3
2	8	9	3	5	6	7	1	4
6	1	7	2	3	8	9	4	5
3	5	2	6	9	4	1	7	8
9	4	8	1	7	5	3	6	2
4	2	1	9	6	3	5	8	7
8	7	3	5	2	1	4	9	6
5	9	6	4	8	7	2	3	1

Sudoku 98

3	5	7	1	9	8	4	6	2
2	9	1	7	6	4	3	8	5
8	4	6	2	3	5	9	7	1
7	2	9	3	5	1	6	4	8
1	8	4	9	7	6	5	2	3
6	3	5	8	4	2	1	9	7
5	7	2	6	1	9	8	3	4
9	1	3	4	8	7	2	5	6
4	6	8	5	2	3	7	1	9

Sudoku 99

9	4	2	8	7	6	5	1	3
5	6	3	2	4	1	7	8	9
7	1	8	3	9	5	4	6	2
8	5	9	7	3	4	6	2	1
4	2	1	5	6	8	3	9	7
3	7	6	1	2	9	8	5	4
1	8	7	9	5	3	2	4	6
2	9	4	6	8	7	1	3	5
6	3	5	4	1	2	9	7	8

Sudoku 100

2	7	4	3	8	5	6	1	9
5	6	9	7	4	1	3	2	8
3	1	8	2	6	9	5	4	7
8	2	6	4	3	7	1	9	5
4	3	5	1	9	2	8	7	6
1	9	7	8	5	6	4	3	2
9	4	3	6	7	8	2	5	1
6	5	1	9	2	3	7	8	4
7	8	2	5	1	4	9	6	3